André Diekow-Kemper

Konzept zur individuellen Förderung im Bildungsgang Berufsgrundschuljahr Wirtschaft und Verwaltung des Berufskollegs Castrop-Rauxel

Wochenplanarbeit im Unterrichtsfach Mathematik am Beispiel der Prozentrechnung

GRIN Verlag

Bibliografische Information der Deutschen Nationalbibliothek:

Die Deutsche Bibliothek verzeichnet diese Publikation in der Deutschen Nationalbibliografie; detaillierte bibliografische Daten sind im Internet über http://dnb.d-nb.de/ abrufbar.

Impressum:

Druck und Bindung: Books on Demand GmbH, Norderstedt Germany
ISBN: 978-3-656-15764-9

Dieses Buch bei GRIN:

http://www.grin.com/de/e-book/191110/konzept-zur-individuellen-foerderung-im-bildungsgang-berufsgrundschuljahr

Gelsenkirchen BK - GyGe - G - SF

Schriftliche Hausarbeit im Rahmen der Zweiten Staatsprüfung gemäß § 33 OVP für das Lehramt an Berufskollegs

Konzept zur individuellen Förderung im Bildungsgang Berufsgrundschuljahr Wirtschaft und Verwaltung des Berufskollegs Castrop-Rauxel durch die Wochenplanarbeit im Unterrichtsfach Mathematik am Beispiel der Prozentrechnung

Seiteneinsteiger: André Diekow-Kemper

Unterrichtsfach: Mathematik

Abgabetermin: 21.12.2011

Inhaltsverzeichnis

Abbildungsverzeichnis

Tabellenverzeichnis

Abkürzungsverzeichnis

AG	= Arbeitsgemeinschaft
APO-BK	= Ausbildungs- und Prüfungsordnung Berufskolleg
bzw.	= beziehungsweise
d.h.	= das heißt
f./ff.	= und folgende Seite/Seiten
o.A.	= ohne Autor
o.J.	= ohne Jahr(-gang)
S.	= Seite
sog.	= so genannt
Vgl.	= Vergleiche
WP	= Wochenplan
z.B.	= zum Beispiel

1. Einleitung

1.1 Problemstellung

Die Diskussionen in der Bildungspolitik in Bezug auf die Qualität des deutschen Bildungssystems setzen den Aspekt der individuellen Förderungen vermehrt in den Fokus. Individuelle Förderung bedeutet, dass jedem Schüler[1] die Chance zu geben ist, sein individuelles Potenzial zu entwickeln und ihn durch geeignete Maßnahmen zu unterstützen.[2] Daher ist eine Implementierung von Maßnahmen zu individueller Förderung auch am Berufskolleg weiter zu forcieren, auch wenn die Umsetzung im Unterrichtsalltag, im Gegensatz z.B. zur Primarstufe, als verbesserungswürdig zu sehen ist. Schaut man sich die Vielzahl an Bildungsgänge an einem Berufskolleg und die damit einhergehende, in der Zukunft weiter zunehmende, Heterogenität der Lerngruppen an, dann zeigt dies die Wichtigkeit einer festen und stringenten Implementierung von individueller Förderung in dieser Schulform auf.

Gerade im Bildungsgang „Berufsgrundschuljahr Wirtschaft und Verwaltung" der Anlage B nach APO-BK besteht eine grundlegende Problematik in der Heterogenität der Lerngruppen, weshalb ich, ausgehend von meinem ersten Unterrichtsjahr dort, konzeptionelle Überlegungen über Maßnahmen der individuellen Förderung und die zu ergreifenden Schritte am Berufskolleg Castrop-Rauxel erschließen möchte. Die Demotivation oder das Desinteresse an fachlichen Inhalten, aber vor allem auch an Schule und Lernen der Schüler bei meiner Arbeit in diesem Bildungsgang sind Motivation, sich mit dieser Thematik gezielt auseinander zu setzen. Des Weiteren ist anzuführen, dass auf Grund der Heterogenität verschiedene Zugangsweisen für die unterschiedlichen Niveaus der Schüler geschaffen werden müssen, um diese weder zu über- noch zu unterfordern. Es geht vor allem darum, ihnen die Motivation und die Freude an Schule sowie Lernen wieder zu geben, um am Schuljahresende den Abschluss und im besten Fall dann auch eine Ausbildungsstelle ermöglichen zu können. Zwar wurde im ersten Halbjahr des letzten Schuljahres eine Förderstunde in der Woche angeboten, in der aber ein Lehrer alle fachbezogenen Fragen hätte klären müssen, auch wenn diese nicht in seinem „Spezialgebiet" lagen. Darüber hinaus wurde diese

[1] Der Einfachheit halber wird in der vorliegenden Arbeit ausschließlich die männliche Form benutzt. Dies schließt aber gleichzeitig die weibliche Form mit ein.
[2] Vgl. Meyer (2004), S. 97f.

Förderstunde nur sehr schwach von den Schülern frequentiert, und wenn sie einen Nutzen darin sahen, dann überhaupt nur kurz vor Klassenarbeiten. Daher ist diese einzelne Maßnahme nicht dem thematischen Inhalt der Arbeit zuzuschreiben, da dort keine konkrete Struktur und keine konzeptionellen Überlegungen vorlagen. Umso wichtiger erscheint die Auseinandersetzung mit einem Konzept zur individuellen Förderung in diesem Bildungsgang. Dabei soll der Schwerpunkt der vorliegenden Arbeit ausschließlich auf einer konzeptionellen Maßnahme zur Implementierung individueller Förderung, nämlich der Wochenplanarbeit, exemplarisch am Fach Mathematik liegen.

Die Wochenplanarbeit, als eine Möglichkeit der Individualisierung und Binnendifferenzierung im Unterricht, wird an Grundschulen bereits seit vielen Jahren äußerst erfolgreich angewendet und ist dort kaum noch aus der täglichen Unterrichtspraxis wegzudenken.[3] Die Vorteile liegen auf der Hand: Flexibilität, Einfachheit und Facettenreichtum. Aber das größte Potenzial der Wochenplanarbeit ist die im doppelten Sinne zu verstehende Individualisierung. Das Konzept lässt sich an den eigenen Unterricht anpassen. Auf der einen Seite können die Bedürfnisse der Schüler in einer heterogenen Lerngruppe und auf der anderen Seite die Absichten des Lehrers gezielt berücksichtigt werden, so dass der Wochenplanunterricht theoretisch in fast allen Unterrichtseinheiten eines jeden Faches möglich erscheint. Warum also sollte dieses Konzept mit seinen nachgewiesenen Erfolgen nicht auch an einem Berufskolleg vielversprechend ein- und umgesetzt werden können?

1.2 Berufskolleg Castrop-Rauxel

Das Berufskolleg Castrop-Rauxel ist eine Schule der Sekundarstufe II mit beruflichem Gymnasium im Vestischen Kreis Recklinghausen. Zurzeit unterrichten mehr als 140 Lehrer etwa 2.600 Schüler in den Berufsfeldern Wirtschaft und Verwaltung, Sozialpädagogik, Gesundheit und Soziales. Die Qualifizierung der Schüler erfolgt praxisnah und zukunftsorientiert, Eigenständigkeit und Selbstverantwortung in Lernsituationen werden in allen Bildungsgängen besonders gefördert und durch ein teamorientiertes Kollegium begleitet. Schulinterne und -externe Evaluation stellen dabei die Qualität der Bildungsarbeit sicher und sind unter anderem Basis für ein Schulkonzept, das die kooperative Zusammenarbeit von Schulleitung, Lehrern, Arbeitgebern sowie Schülern und Eltern sichert. Im Einzelnen gehört es zum Leitbild der Schule, eine Kultur

[3] Vgl. Reich (2008), S. 4

unternehmerischer Selbstständigkeit, interkultureller Kompetenz und Lernortkooperationen umzusetzen. Die Einbindung in die regionale Bildungslandschaft führt darüber hinaus zu weiteren Kooperationen, etwa mit Hoch- und Fachhochschulen, Einrichtungen der Krankenpflege, Kammern, privaten Bildungsträgern, der Agentur für Arbeit und natürlich den Ausbildungsbetrieben.

Das Berufskolleg Castrop-Rauxel nimmt darüber hinaus seit dem 01. August 2003 am Modellvorhaben „Selbständige Schule" teil. In diesem Rahmen wurden folgende Entwicklungsvorhaben zielstrebig verfolgt[4]:

- Weitere Verstärkung der Lernortkooperationen;
- Die Entwicklung neuer Bildungsgänge
- Schärfung des Profils „Gesundheitsschule";
- Entwicklung und Erprobung von Förderkonzepten;
- Die didaktisch-methodische Weiterentwicklung der Bildungsgänge durch Kernteams;
- Die Einbindung neuer Formen des Lehrens und Lernens in allen Bildungsgängen;
- Die Begleitung von Berufsanfängern im Lehrerberuf im Rahmen einer „Newcomer AG";

Das Berufskolleg Castrop-Rauxel mit über 2000 Schülern in verschiedenen Bildungsgängen stellt sich auf ein sehr breites Spektrum an Förderinteressen ein. Bildungsgänge, die auf die Hochschulreife abzielen, haben möglicherweise mehr Interesse an Begabtenförderung, als an der Auseinandersetzung mit Schulmüdigkeit. Dagegen ist dies eher Schulalltag in der Berufsvorbereitung und damit hier Gegenstand der Überlegungen. Aufgrund dieser Vielfältigkeit kann es kein Förderkonzept geben, das für das gesamte Berufskolleg Castrop-Rauxel gelten kann. Die einzelnen Bildungsgänge sind beauftragt, ein passendes Förderkonzept zu entwickeln, das auf die individuellen Bedürfnisse der Lerngruppen abgestimmt ist und bewusst Schwerpunkte in bestimmten der oben genannten Arbeitsbereiche setzt. Als Hilfestellung hierzu wurde dem Kollegium in einer Lehrerkonferenz die Bandbreite der Fördermöglichkeiten und –notwendigkeiten anhand von Informationen des Ministeriums vorgestellt, auch, um darauf aufmerksam zu machen, dass viele Maßnahmen schon durchgeführt werden und lediglich systematisch

---

[4] Vgl. nachfolgend o.A. (o.J.), Darstellung der Schule, S. 1f.

erfasst und in ein Konzept eingebunden werden müssen.[5] Zusätzlich wurde den Bildungsgangleitern eine Informationsseite mit relevanten Internetadressen zur Verfügung gestellt. Um die Wichtigkeit der Thematik „individuelle Förderung" weiter zu unterstreichen, wurde bereits am 14.2.2011 ein pädagogischer Tag am Berufskolleg Castrop-Rauxel durchgeführt, bei dem in den verschiedenen Bildungsgängen fachbezogene Konzepte oder Unterrichtsstunden gezielt in Arbeitsgruppen entworfen und anschließend dem gesamten Kollegium zur Verfügung gestellt wurden.

1.3 Ziel und Vorgehensweise der Arbeit

Das Konzept der Wochenplanarbeit, welches in der vorliegenden Arbeit erschlossen wird, soll genau an den Inhalt des pädagogischen Tages anknüpfen und ein weiterer schulintern-konzeptioneller Vorstoß in Richtung der Umsetzung von individueller Förderung im Berufskolleg Castrop-Rauxel darstellen. Zusätzlich soll mit dem Konzept ein weiterer Grundstein gelegt werden, die Fokussierung des Unterrichts eher in Richtung der Schüler auszulegen und damit den Unterricht offener zu gestalten – der Einsatz der Wochenplanarbeit kann dabei eine von vielen nützlichen Methoden sein. Zur Erarbeitung des Konzeptes wird die vorliegende Arbeit in verschiedene, strukturierte und zusammenhängende Kapitel unterteilt.

In den Kapiteln zwei und drei wird zunächst die notwendige Ausgangsgrundlage für die nachfolgenden Abschnitte geschaffen. Dabei stellt das zweite Kapitel die Thematik „Individuelle Förderung" als grundlegendes Konzept von Schule auf der einen Seite und Wochenplanarbeit auf der anderen Seite dar, so dass an dieser Stelle bereits eine erste Verbindung von Theorie und Praxis stattfindet. Anschließend wird dann im dritten Kapitel umfassend die Wochenplanarbeit als Möglichkeit der individuellen Förderung vorgestellt. Hier wird zuerst erläutert, was unter dem klassischen und was unter offenem Unterricht verstanden wird, um darauf aufbauend dann die Wochenplanarbeit als eine Form des offenen Unterrichts erläutern zu können. Das Kapitel schließt dann mit einer Begründung und Bewertung der entsprechenden Methode ab.

---

[5] Vgl. Lennartz/Minding-Geiger/te Wilde (2011), S. 12f.

Das vierte Kapitel schließt nahtlos an das vorherige an, indem die praktische Umsetzung der theoretischen Inhalte beschrieben wird. Hierfür wird, ausgehend von den Lernvoraussetzungen der Lerngruppen, der Einstieg in das fachliche Thema und damit auch in die erste Phase der Wochenplanarbeit dargestellt. Im zweiten Teil des Kapitels wird dann der gezielte Einsatz der Wochenplanarbeit im Bildungsgang erklärt. Der Schwerpunkt liegt dabei auf den bereits gemachten Erfahrungen, von denen ausgehend dann auch mögliche Probleme und Verbesserungsmöglichkeiten beschrieben werden. Daran anschließend endet das Kapitel mit einer allgemeinen Bewertung und Reflexion des Konzeptes.

Eine kurze Zusammenfassung und sich daraus ergebende Schlussfolgerungen sowie der Versuch eines Ausblickes in die Zukunft schließen im fünften Kapitel diese Arbeit ab.

1.4 Relevante Lehrerfunktionen

Der Einsatz der Wochenplanarbeit in diesem Bildungsgang fand nach Gesprächen mit den dort unterrichtenden Kollegen generell bisher noch nicht statt und besitzt somit großes Entwicklungspotenzial. Wochenpläne können sehr individuell gestaltet, an unterschiedlichste Gegebenheiten bzw. Bildungsgänge angepasst und mit vielen anderen Konzepten kombiniert werden. In diesem Sinne ist die Lehrerfunktion „Innovieren" ein zentraler Aspekt.

Eigentlich unumstritten ist in diesem Zusammenhang auch die Lehrerfunktion „Unterrichten". Wochenplanarbeit erfüllt die Kriterien offenen und damit modernen Unterrichts. Zum einen steht der Schüler im Mittelpunkt des Unterrichtsgeschehens und zum anderen wird auf mehreren Ebenen binnendifferenziert – im Rahmen der Bearbeitungszeit und -reihenfolge, Wahl der Aufgaben und dem Anforderungsniveau. Damit ist das Maß an Individualisierung bei der Wochenplanarbeit hoch und fördert selbstständiges, selbstorganisiertes und kooperatives Lernen. Diese stärkere Fokussierung des Unterrichts auf den Schüler lässt gleichzeitig den Lehrer nicht zur vermittelnden Person werden, sondern zum Lernberater/Lerncoach. Die Lehrkraft handelt hauptsächlich organisierend und vorbereitend und steht den Schülern aktiv beratend zur Seite, so dass deren Lernverhalten beobachtet werden kann, um sie dann konsequent individuell unterstützen zu können.[6]

An den Stellen, wo im Unterricht methodisch gearbeitet wird, die Schüler Erfahrungen von der Bedeutung methodischen Arbeitens machen, die Identitätsentwicklung der Lernenden positiv beeinflusst sowie Sach-, Sozial- und Handlungskompetenz erweitert wird, erlangt die Schule erzieherische Bedeutung. [7] Also spielt auch die Lehrerfunktion „Erziehen" eine gewichtige Rolle im Rahmen des Einsatzes der Wochenplanarbeit. Der Wochenplanunterricht verlangt von den Schülern ein hohes Maß an Selbstständigkeit und -kontrolle sowie die Fähigkeit einer sinnvollen Zeiteinteilung bei der Problembearbeitung. Die Schüler bestimmen und gestalten den Lernprozess mit, wodurch deren Eigenverantwortlichkeit gefordert und gefördert wird. Weitere Aspekte, die die Funktion Erziehen im Rahmen der Wochenplanarbeit hervorheben, sind die Förderung der Kommunikation, der Teamfähigkeit und der Kooperation untereinander.

Ebenfalls ist die Lehrerfunktion „Evaluieren" beim Wochenplanunterricht zu berücksichtigen. Evaluationen helfen, die vielen unterschiedlichen Aspekte zu reflektieren und bzgl. des Unterrichtserfolgs zu bewerten. Sie geben Hinweise darauf, an welcher Stelle evtl. Hilfestellungen notwendig sind und in welcher Form eine Unterstützung gefragt ist – ob in fachlichen Aspekten, der Stärkung von Sozialkompetenzen oder der Organisation des Lernprozesses. Auf diese Weise lassen sich für den Lehrer sowohl Verbesserungsmöglichkeiten identifizieren als auch gut funktionierende Merkmale bestätigen.

Zu guter Letzt kommt auch der Funktion „Organisieren/Verwalten" eine Bedeutung zu. Die Planung, Durchführung und Reflexion des Wochenplanunterrichts umfasst einen hohen organisatorischen als auch zeitlichen Aufwand. Dies reicht von den ersten Vorüberlegungen über die Eingliederung der Methode in den Bildungsgang bzw. Unterricht bis hin zur Evaluation.

---

[6] Vgl. Reich (2008), S. 6

[7] Vgl. Claussen (1997), S. 35f.

2. Individuelle Förderung als grundlegendes Konzept im Rahmen der Schule und als Basis der Wochenplanarbeit

Jeder Schüler hat das Recht auf individuelle Förderung, so besagt es das Schulgesetz in Nordrhein-Westfalen.[8] Dabei wird das Ziel verfolgt, eine optimale Nutzung und Entfaltung der Chancen und Begabungen eines jeden Kindes bzw. Jugendlichen unabhängig von deren Herkunft zu erreichen.[9] Gerade deshalb gilt es, den Aspekt der individuellen Förderung weiter im Rahmen der Schule als ständiges Element zu implementieren. Die erfolgreiche Umsetzung der individuellen Förderung hat in diesem Zusammenhang vor allem durch entsprechende Lehr-Lernarrangements innerhalb des Unterrichts sowie mit Hilfe von begleitenden Fördermaßnahmen außerhalb des Unterrichts zu erfolgen.[10] Damit muss das Konzept der individuellen Förderung in den Strukturen der Schulen fest verwachsen werden. Hierfür hat das Ministerium für Schule und Weiterbildung des Landes Nordrhein-Westfalen ein Konzept zur individuellen Förderung entwickelt, bei welchem Schulen in den Jahren 2006 bis 2011 ein entsprechendes Gütesiegel erwerben konnten.[11] Dieses Konzept basiert auf bestimmten Akzenten, die Kennzeichen einer erfolgreichen individuellen Förderung sind.[12] Dazu gehört vor allem die Begabungsförderung sowie weitere Merkmale wie die kontinuierliche Fortführung individueller Förderung innerhalb der gesamten Schulzeit als auch die Sicherung von Aufstiegsmöglichkeiten in der Schule sowie die Begleitung der Übergänge im Schulwesen oder in den Bereich des Studiums bzw. Berufes. Neben all diesen Aspekten steht aber immer das eigentliche Kernziel, Unterricht und Schulorganisation so zu gestalten, dass der individuelle Lernerfolg der Schüler gesichert ist, im Vordergrund. Um dies zu gewährleisten und den Schulen konkrete Anhaltspunkte an die Hand zu geben, sind im Rahmenkonzept Handlungsfelder dargestellt, die bei der Umsetzung in die Praxis zu beachten sind:[13]

Handlungsfeld 1 → Grundlagen schaffen/Beobachtungskompetenz stärken

Handlungsfeld 2 → Mit Vielfalt umgehen/Stärken stärken – Schwächen abbauen

Handlungsfeld 3 → Übergänge begleiten – Lernbiografien bruchlos gestalten

Handlungsfeld 4 → Wirksamkeit prüfen – Förderung über Strukturen sichern

---

[8] Vgl. § 1 (1) Schulgesetz NRW, BASS Auszug 1-1, S. 2

[9] Vgl. Ministerium für Schule und Weiterbildung des Landes NRW (2011)

[10] Vgl. Lennartz/Minding-Geiger/te Wilde (2011), S. 11

[11] Siehe auch www.chancen-nrw.de

[12] Vgl. nachfolgend Lennartz/Minding-Geiger/te Wilde (2011), S. 12f.

[13] Vgl. ebenda

Um den Schulen in der konzeptionellen Bildungsgangarbeit die konkrete Implementierung individueller Förderung und die dahingehend entsprechende Planung und Durchführung von Unterricht zu erleichtern, können die einzelnen Handlungsfelder noch gezielter ausdifferenziert werden.[14] Zum Handlungsfeld 1 gehören neben den Eingangs- und Ziel-Standards im Bildungsgang auch diagnostische Tätigkeiten. Handlungsfeld 2 ist gekennzeichnet durch die Durchführung eines integrativen Unterrichts, externe Förderung sowie Förderkurse als auch Lernberatung. Das Handlungsfeld 3 setzt sich zusammen aus der Übergangs-, Lebenssituations- und Lernberatung. Evaluation, Schulprogramm und die Ausgestaltung eines situationsgerechten organisatorischen Rahmens zählen abschließend zum Handlungsfeld 4. Für den Bereich des Berufskollegs werden die angeführten Handlungsfelder vor allem auf die inhaltlichen Bereiche „Besondere Begabungen", „Lernschwierigkeiten", „Schulmüdigkeit", „Migrationshintergrund", „Gender", „Eigenverantwortliches Lernen" und „Individuelle Beratung" bezogen.[15] Die vorliegende Arbeit behandelt aus den bereits genannten Punkten vor allem die Handlungsfelder 1, 2 und 4 sowie die inhaltlichen Bereiche „Lernschwierigkeiten", „Schulmüdigkeit", Eigenverantwortliches Lernen" und „Individuelle Beratung".

3. Wochenplanarbeit als Möglichkeit selbstorganisierten Lernens

3.1 Unterscheidung von klassischem Unterricht und offenem Unterricht

Klassischer Unterricht ist gemeinhin zu verstehen, als dass der Lehrer im gesamten Unterrichtskontext vollkommene Entscheidungs- und Handlungsgewalt besitzt.[16] Ausgehend vom Lehrplan werden Lernziele definiert und diese dann anschließend mittels der Festlegung von Inhalt und Verlauf des Unterrichts umgesetzt. Schüler verfolgen dabei eher eine passive Rolle und besitzen keinerlei Mitbestimmung, bezogen auf die Lerninhalte, Aufgaben, Sozialform oder Zeit. Somit ist die geschlossene Form des Unterrichts zwar im Hinblick auf die Wissensvermittlung als klar und strukturiert anzusehen, aber gerade das elementar Wichtigste, nämlich die Lernvoraussetzungen der Schüler, finden hier keine Berücksichtigung. Die Qualität von Unterricht definiert sich dann über die erreichten Lernziele und nicht über eine Weiterentwicklung von Kompetenzen.

[14] Vgl. Zahn (2011), o.S.
[15] Vgl. Lennartz/Minding-Geiger/te Wilde (2011), S. 13
[16] Vgl. Reich (2008), S. 3

Kinder und Jugendliche müssen in der heutigen Zeit als lernwillig sowie kreativ verstanden und zum selbstorganisierten Lernen befähigt werden. Um dieses selbstorganisierte Lernen ermöglichen zu können, ist der klassische Unterricht zu öffnen, und Schüler sind als aktive und mitbestimmende Partner neben dem Lehrer im Unterrichtsgeschehen zu sehen. Deshalb hat sich auch die Rolle des Lehrers im offenen Unterricht zu ändern. Der Lehrer verfolgt nicht mehr die dominante, autoritäre Rolle, sondern fungiert nun als Lerncoach/-berater, der den Schülern während ihres Lernprozesses beratend und begleitend zur Seite steht. Die Eigenständigkeit und das selbstorganisierte Lernen der Schüler stehen jetzt eher im Mittelpunkt. Lernen im offenen Unterricht bedeutet somit nicht mehr nur die Aufnahme von Wissen, sondern Lernen durch Handeln, Mitbestimmen und damit Selbstorganisation. Offener Unterricht „will den sog. lernzielorientierten und lehrerzentrierten Unterricht öffnen, um Schülern durch selbständiges und kooperatives, problemorientiertes und handlungsbezogenes, mitbestimmendes und mitverantwortetes Lernen Gelegenheit zu geben, Fähigkeiten für das Leben in einer von Wissenschaft und Demokratie geleiteten offenen Gesellschaft zu erwerben.“[17] Durch die Öffnung des Unterrichts sollen die Schüler also auf die Anforderungen der heutigen und zukünftigen Zeit vorbereitet und in ihrer Persönlichkeitsentwicklung gefördert werden. Nicht der reine Wissenserwerb steht im Vordergrund, sondern auch die Entwicklung von Kompetenzen – vor allem Fach-, Sach-, Methoden- und Sozialkompetenz. Durch die dargelegten Freiheiten der Schüler im offenen Unterricht rückt das selbstorganisierte Lernen in den Fokus, welches die Forderung und Förderung der genannten Kompetenzen steigert. Der Unterricht wird individuell auf das Niveau, das Tempo und den Zugang der Schüler angepasst. Auch hier erreichen die Schüler, wie im klassischen Unterricht, die Lernziele, mit dem Unterschied, dass dies auf Basis des individuell unterschiedlichen Niveaus jedes Schülers geschieht.

Die Öffnung des Unterrichts kann dabei an Hand der Mitbestimmungsmöglichkeiten der Schüler bestimmt werden. Nur wenn Schüler im Unterricht eigene Interessen vorbringen, Ideen äußern und eigene Wege einschlagen können, kann von offenem Unterricht gesprochen werden. „Grundlage hierfür ist der Ansatz des interessebezogenen Lernens, d. h. man lernt am schnellsten und einfachsten (und meist sogar ohne es als "Lernen" zu

[17] Schaub/Zenke (2000), S. 410

empfinden), wenn man sich selber für einen Gegenstand interessiert.“[18] Nach *Peschel* existieren auf Basis der organisatorischen, methodischen, inhaltlichen, sozialen sowie persönlichen Dimensionen fünf Grade der Öffnung des Unterrichts:

Grad der Öffnung	Ausprägung
0	Keine Mitbestimmung der Schüler, feste Vorgabe der Aufgaben
1	Ansatzweise Mitbestimmung der Schüler, Variation der Themen, geringe methodische Zugangsweise durch die Schüler
2	Erste Schritte der Mitbestimmung der Schüler, Auswahl von Themen und Methodik durch Schüler mit engen Vorgaben, eigenständige Festlegung der Bearbeitungsreihenfolge
3	Eigenverantwortliche Mitbestimmung der Schüler, Teilbereiche von Lehrer festgelegt
4	Eigenverantwortliche Mitbestimmung in Teilen durch Schüler
5	Weitgehende Selbstregulierung durch Schüler

Tabelle 1 - Öffnungsgrade des Unterrichts[19]

Unterricht muss also die Selbstständigkeit der Schüler fordern und fördern und kann somit zum selbstorganisierten Lernen hinführen. *Knowles* definiert dabei selbstorganisiertes Lernen als: „In its broadest meaning, >self-directed learning< describes a process in which individuals take the initiative, with or without help of others, in diagnosing their learning needs, formulating learning goals, identifying human and material resources for learning, choosing and implementing appropriate learning strategies, and evaluating learning outcomes.”[20] Lernen beinhaltet schließlich einen selbstorganisierten Aspekt, wenn der Unterricht offen genug ist - Schüler also in Fragen der Lerninhalte, Aufgaben, zeitlicher Rahmen und Sozialform (mit-)bestimmen können.[21] Zur Unterstützung dieser Lernprozesse müssen nach *Klein* folgende Aspekte beachtet werden[22]:

[18] Peschel (2011)
[19] In Anlehnung an Peschel (2011b)
[20] Siebert (2001), S. 25
[21] In Anlehnung an Weinert (1982)
[22] Vgl. Klein (2004), S. 63ff.

- Jeder Lernvorgang knüpft an vorhandene und individuell unterschiedliche Vorkenntnisse und Erfahrungen an.
- Werden beim Lernen möglichst viele Sinne angesprochen, ist die Wahrscheinlichkeit größer, dass erworbenes Wissen auch später aktiviert werden kann.
- Individuelles Lernen bedeutet auch, dass Lerner unterschiedlich viel Zeit für die Lösung von Aufgaben benötigen.
- Aufmerksamkeit und Motivation sind wichtige Voraussetzungen für Lernen.
- Lernumgebungen sollen übersichtlich sein und eine Struktur zur Orientierung vorgeben.
- Unterschiedliche Zugänge und unterschiedliche Lernwege für ein Thema unterstützen zielgruppenspezifisches Arbeiten.

3.2 Wochenplanarbeit als Form des offenen Unterrichts

Die Umsetzung der Wochenplanarbeit gliedert sich im Regelfall in die folgenden Abläufe: Am Anfang eines bestimmten Zeitraumes (bspw. einer Woche) erhalten die Schüler einen Plan mit einem Pool an Aufgaben, welche sie in den dafür vorgesehenen Unterrichtsstunden in unterschiedlichen Sozialformen (Einzel-. Partner-, Gruppenarbeit) frei bearbeiten können.[23] Die Grundidee der Wochenplanarbeit ist dabei das selbstständige und eigenverantwortliche Erarbeiten von Fachinhalten und ggf. eine anschließende Selbstkontrolle. Beachtet werden muss aber an dieser Stelle, dass auf Grund des nicht zu bewältigenden Arbeitsaufwandes der Lehrer in der alltäglichen Praxis nicht für jeden Schüler einzeln einen individuellen Wochenplan erstellen kann – auch wenn damit Lerndefizite behoben werden könnten.[24] Binnendifferenzierung findet bei der Wochenplanarbeit im Regelfall also durch die Variation der Aufgaben in Bezug auf Menge und Schwierigkeitsgrad statt.

In einer ersten Phase bei der Arbeit mit Wochenplänen gibt der Lehrer diese noch vollständig vor, so dass die Schüler sich an die meist neue Methode gewöhnen können, und der Einstieg erleichtert wird. Ist die Arbeitsform der Wochenplanmethode längerfristig erfolgreich durchgeführt und kann als implementiert angesehen werden, dann ist aus theoretischer Sicht angedacht, dass Schüler und Lehrer gemeinsam neue

[23] Vgl. Huschke/Mangelsdorf (1994), S. 11
[24] Vgl. Reich (2008), S. 5

Wochenpläne erstellen. Gerade wenn Wochenplanarbeit ein fester Bestandteil des Unterrichts werden soll, ist dieser Schritt zwingend erforderlich. „Im Verlauf von längerfristigem WP-Unterricht muss dieser weiterentwickelt werden, müssen weitergehende Herausforderungen und attraktive Variationen des Grundkonzepts eingeführt werden, wenn WP nicht auf die Dauer zu einem langweiligen Routinegeschäft der Kinder werden soll und schließlich keine Bereicherung ihrer Schulerfahrung mehr darstellt."[25]

Parallel sollte auch darauf geachtet werden, dass vorab feste Regeln der Wochenplanarbeit gemeinsam mit den Schülern festzulegen und im Klassenraum aufzuhängen sind. Nur so kann Transparenz geschaffen und im Klassenverbund produktiv gearbeitet werden. Die meisten Regeln können dabei vorab festgelegt werden, andere ergeben sich lerngruppenabhängig unter Umständen erst während der Wochenplanarbeit und müssen dann ergänzt werden. Als wichtigste Regeln seien genannt:

- Saubere Heftführung
- Eine Aufgabe nach der anderen bearbeiten
- Konzentriertes und strukturiertes Arbeiten
- Selbstständiges Arbeiten
- Leises Nachfragen

Neben der Phase der Einführung der Methode, in der die Schüler lernen, wie man mit einem Wochenplan arbeitet, muss zwingend auch die klassische Rollenverteilung von Schüler und Lehrer aufgebrochen werden. Der Unterricht findet im Rahmen der Wochenplanarbeit nicht mehr lehrer- sondern schülerzentriert statt. Die Schüler setzen sich aktiv mit den fachlichen Inhalten auseinander und sprechen im Klassenverbund auf Grund der Möglichkeit unterschiedlicher Sozialformen über das jeweilige Thema. Der Kommunikationsaspekt gewinnt vor allem da an Bedeutung, wo die Schüler Probleme mit einzelnen Aufgaben(teilen) haben. Hier steht nun zunächst nicht mehr der Lehrer „in der Verantwortung" das Problem zu lösen oder Problemlösungsideen mit dem Schüler gemeinsam zu erarbeiten, sondern sie sollen in erster Linie Hilfe bei den Mitschülern suchen. Diese intensive und eigenständige Auseinandersetzung geht dann sachlogisch mit

[25] Huschke (1982), S. 247

einem höheren Lerneffekt einher. Aber um gerade das selbstständige Lernen zu ermöglichen, muss weiterhin das Arrangement innerhalb des Klassenraums für ein soziales und individuelles Lernen umgestaltet werden, indem entsprechende Lernmaterialien vorliegen.[26] Schüler müssen die Möglichkeit besitzen, sich der Aufgabe entsprechende Materialien anzueignen oder zumindest die passenden Materialien auszuwählen, um eine Aufgabe eigenständig lösen zu können.

Auch die Form der eingesetzten Wochenpläne muss vorab bestimmt sein, wobei diese auch von der Häufigkeit der Wochenplanarbeit in einer Klasse abhängen kann. *Reich* unterscheidet fünf Formen von Wochenplänen:[27]

I.) Geschlossener Wochenplan

Der Lehrer gibt die Aufgabenformulierungen, die Sozialform und die Materialien vor – gerade zu Beginn des Methodeneinsatzes geeignet.

II.) Offener Wochenplan

Als Weiterentwicklung der geschlossenen Variante erarbeiten hier Schüler und Lehrer den Wochenplan gemeinsam – setzt Erfahrungen mit der Wochenplanarbeit voraus.

III.) Gemischter Wochenplan

Enthält als Mischform der beiden ersten Varianten sowohl Pflicht- als auch Wahlaufgaben sowie Zusatzaufgaben.

IV.) Fächerübergreifender Wochenplan

Eingesetzt überwiegend in der Grundschule, wo Lehrer meist mehrere Fächer in einer Klasse unterrichten.

V.) Fachbezogene Variante

Alle Aufgaben beziehen sich ausschließlich auf ein Fach, so dass bei geringerer Aufgabenvielfalt darauf geachtet werden muss, dass trotzdem genügend Handlungsmöglichkeiten für die Schüler offen bleiben.

---

[26] Vgl. Reich (2008), S. 5

[27] Vgl. nachfolgend Reich (2008), S. 8

Die Öffnung der Wochenpläne von der geschlossenen hin zur offenen Variante spiegelt dabei auch die schülerzentrierte Fokussierung wieder. Wenn Schüler nach einiger Zeit wissen, wie ein Wochenplan zu bearbeiten ist, dann ist es nur legitim, wenn man den Schülern verschiedene Zugangsmöglichkeiten zu den jeweiligen Themen gibt, abhängig von ihren Neigungen und Interessen. Andernfalls kommt es äußerst schnell zu Unter- bzw. Überforderung. Genauso gut können Schüler im Rahmen des Wochenplanunterrichts an Hand ihrer Vorkenntnisse bereits mit anderen Schwerpunktbereichen eines Themas anfangen, die sie noch nicht oder nur unzureichend beherrschen. Der Lehrer wird die Schüler dann nicht „von oben herab" differenzieren, sondern lässt diese sich selbst „von unten" individualisieren.[28] Der einzuschlagende „Königsweg" wäre dann nach einer grundlegenden Routine im Umgang mit Wochenplänen, dass die Schüler eigenständig ihre individuellen Pläne erstellen und bearbeiten. „Erst jetzt kommt die Rollenveränderung zustande, mit der die Öffnung des Unterrichts überhaupt begründet werden kann: der Schüler agiert selbstgesteuert und selbstverantwortlich, der Lehrer steht ihm bzw. der Klasse koordinierend, beratend und impulsgebend zur Seite - nimmt den Schülern die Selbstverantwortung aber nie ab."[29]

Häufig wird der Wochenplan zu Beginn der Woche besprochen und am Ende des vorgegebenen Zeitraums mit einer Feedbackrunde abgeschlossen, in der auch eine Beurteilung und Reflexion der Leistungen und Arbeitsabläufe im Rahmen der Wochenplanarbeit stattfindet. In dieser Beurteilung dürfen die Schüler ihre Zufriedenheit oder Unzufriedenheit mit der Wochenplanarbeit äußern, um evtl. zukünftige Prozesse optimieren zu können.

---

[28] Vgl. Peschel (2011), o.S.
[29] ebenda

3.3 Bedeutung der Wochenplanarbeit im offenen Unterricht

Man stellt sich heutzutage oft die Frage, was Schüler bei ihrem Eintritt ins Berufsleben bzw. Studium mitzubringen haben und was ergo in der Schule mitgegeben werden soll. Es besteht seit Jahren kein Zweifel daran, dass das Ziel der beruflichen Bildung, unabhängig vom Berufsfeld, Handlungskompetenz (als Summe aus Fach-, Methoden- und Sozialkompetenz wie auch personaler Kompetenz) ist.[30] Das grundlegende Ziel der Wochenplanarbeit ist die Förderung der Selbstständigkeit mit Hilfe des selbstorganisierten Lernens. Und über diese Selbstorganisation werden weitere (mögliche) Ziele erreicht, die den später im Beruf bzw. Studium geforderten Kompetenzzuwachs ermöglichen:[31]

- Eigenständige Entscheidungen treffen
- Soziale Interaktion und Kommunikation/Teamfähigkeit
- Leistungsorientiertes Arbeiten
- Strukturierte Arbeitsweise
- Zielstrebigkeit
- Selbstreflexion
- Ausdauer
- Organisationsgeschick
- Zeitmanagement
- Verantwortung
- Kreativität
- Selbstvertrauen

Hinzu kommt innerhalb der beruflichen Bildung das Problem der (inneren) Differenzierung. Jeder Schüler soll individuell gefördert werden und das, obwohl Lehrer vermehrt sehr heterogene Klassen im Unterricht vorfinden. Gerade die Möglichkeit der inneren Differenzierung in der Wochenplanarbeit kann zu Individualisierung beitragen. Dabei wird der Schüler mit seinen Interessen und Bedürfnissen in den Mittelpunkt des Unterrichtsgeschehens bzw. Lernprozesses gestellt, um gerade diese zu fördern. Leistungsstärkere Schüler müssen nicht auf leistungsschwächere Schüler warten. Im

[30] Vgl. Herold/Landherr (2003), S.123
[31] In Anlehnung an Reich (2008)

Gegenzug können sich dann die schwächeren Schüler an Hand ihres individuellen Arbeitstempos ohne Zeitdruck auf wenige Aufgaben konzentrieren.

Ein weiterer positiver Aspekt, der sich hier anschließt, ist eine mögliche Minimierung der Unterrichtsstörungen. Die Schüler finden sich einer nicht-lehrerzentrierten und daher für sie generell angenehmeren Atmosphäre wieder. Sie können ohne Stress und Druck ihr Arbeitstempo und ihre Pausen selbst wählen, somit wird auch der möglichen Anstauung von Aggressionspotenzial oder Langeweile vorgebeugt. Gleichzeitig wird der Lehrer, zumindest im Unterrichtsgeschehen, entlastet und kann als Lerncoach individuell auf Schüler eingehen, sie beraten und ihnen helfen.

3.4 Bewertung der Wochenplanarbeit

Wochenplanunterricht ist als eine gute Form des offenen Unterrichts zu sehen, auch wenn einige Probleme beachtet werden sollten. Wochenplanarbeit kann bei ständigem Einsatz von anfänglicher Euphorie zu gequälter Langeweile führen, weshalb sie nur als eine von vielen Möglichkeiten selbstorganisierten Lernens zu verstehen ist. Ebenfalls ist darauf zu achten, dass diese Form des offenen Unterrichts nicht dahingehend ausgenutzt wird, dass die Schüler ausschließlich eine Menge an abzuarbeitenden Aufgaben erhalten, in der sie keinen Sinn sehen oder sich überfordert fühlen.

Wird das ganze Konzept hingegen gezielt und gut vorbereitet angegangen, hilft die Wochenplanarbeit, selbstorganisiertes Lernen zu erlernen, da die Schüler zu eigenverantwortlichem und autonomen Lernen angeleitet werden. Gerade bei der Wochenplanarbeit ist es für die Schüler möglich, von Beginn an mit- bzw. selbst zu bestimmen, was gleichzeitig die Eigenverantwortlichkeit der Schüler fordert und fördert.[32] Über die Möglichkeit der inneren Differenzierung und dem selbstorganisierten Lernen wird zusätzlich eine stress-, druck- und aggressionsfreie Atmosphäre geschaffen, die Unterrichtsstörungen und Disziplinverstöße minimieren kann. Auf der anderen Seite kann Wochenplanarbeit zu einer Entlastung des Lehrers führen, was in der heutigen Zeit ebenfalls einen sehr wichtigen Aspekt darstellt. Lehrer haben im Unterricht vermehrt Zeit, sich einzelnen Schülern zuzuwenden und diese gezielt zu beraten oder ihnen zu helfen. Der hohe Kommunikationsanteil des Lehrers im Unterricht wird minimiert, die

[32] Vgl. Huschke/Mangelsdorf (1994), S. 28

Arbeit auf die Schüler umgelagert und somit profitieren beide Seiten von der Wochenplanarbeit.

Nicht zu Letzt bereitet die Wochenplanarbeit - und das scheint mit der wichtigste Aspekt zu sein - die Schüler auf Beruf bzw. Studium vor. In beiden Bereichen wird selbstständiges und strukturiertes Arbeiten vorausgesetzt. All das führt gleichzeitig zu einer höheren Motivation der Schüler und rechtfertigt auch damit einen gezielten Einsatz im Unterricht auf Basis der individuellen Förderungen im Rahmen selbstorganisiertem Lernens.

4. Praktische Umsetzung am Thema Prozentrechnung im Berufsgrundschuljahr Wirtschaft und Verwaltung

Die nachfolgende Anwendung der Wochenplanarbeit auf einen bestimmten Bildungsgang und das entsprechende Schwerpunktfach stellt nun in erster Linie die Unterrichtspraxis inklusive der organisatorischen Rahmenbedingungen in den Vordergrund. Im Prinzip soll mit Hilfe der individuellen Förderung die Aufarbeitung eines bereits vorab in anderen Schulformen behandelten Themas schülerzentriert erreicht werden. Dabei sollen die individuellen Voraussetzungen beachtet werden und ein selbstorganisiertes Lernen in den Fokus rücken. Die direkt ersichtliche Vermittlung bzw. Wiederholung/Vertiefung von fachlichen Inhalten soll dabei aber elementar und für den Bildungsgang als äußerst wichtig zu erachtend durch Schlüsselqualifikationen wie Sozial-, Sach-, Methoden- und Selbstkompetenz flankiert werden. Diese Aspekte sind den Schülern näher zu bringen, gerade weil sie das eigentliche Fachthema bereits kennen, aber vor allem da diesen Schlüsselqualifikationen im beruflichen Alltag, vor dem viele Schüler in naher Zukunft stehen, eine zunehmende Bedeutung zukommt.

4.1 Lernvoraussetzungen

Die Erprobung des vorgestellten Konzeptes fand in den Klassen BGW1 und BGW2 des Bildungsganges „Berufsgrundschuljahr Wirtschaft und Verwaltung“ der Anlage B nach APO-BK parallel statt. Nur sehr wenige Schüler kannten die Methode der Wochenplanarbeit aus ihrer vorhergehenden Schulzeit. Die beiden Klassen setzten sich aus 26 bzw. 24 Schülern zusammen, was aber im Wochenplanunterricht kein Problem darstellt. Anders sieht es da schon bei der räumlichen Situation aus, die bei der größeren Lerngruppe als durchaus kritisch anzusehen ist. Die Tischanordnung ist in dieser Klasse standardmäßig in U-Form, was dazu führt, dass die Schüler insgesamt zu weit auseinander sitzen, um unter Umständen kommunikativ miteinander arbeiten zu können. In diesem Bildungsgang gehen mit dieser Problematik entsprechende unruhige Phasen bei der Wochenplanarbeit einher, trotz des gemeinsamen Festlegens von Regeln. Aus Zeit- und Organisationsgründen wird auf eine Umgestaltung der räumlichen Situation zu Beginn jeder Stunde verzichtet. An dieser Stelle sei aber angemerkt, dass sich diese Problematik in Zukunft von selbst lösen wird, da eine Sanierung aller Gebäude des Berufskollegs Castrop-Rauxel in den kommenden Jahren ansteht und damit das Raumkonzept dahingehend angepasst wird, dass offene Lernformen ermöglicht werden.[33]

Die Wochenplanarbeit wird mit der Unterrichtsreihe zum Thema „Prozentrechnung und Vertiefung der Prozentrechnung“ im ersten Halbjahr des einjährigen Bildungsganges durchgeführt. Inhaltlich beschäftigen sich die Schüler auf der einen Seite mit der Berechnung der einzelnen Größen der Prozentrechnung (Grundwert, Prozentwert, Prozentsatz) sowie deren mögliche Darstellungsformen und auf der anderen Seite mit vermehrtem und vermindertem Grundwert. Die Kompetenzschwerpunkte liegen dabei in der begrifflichen Unterscheidung und Berechnung der Größen sowie dem Lösen von Aufgaben mit veränderten Grundwerten jeweils im Kontext von Textaufgaben mit kaufmännischem Schwerpunkt.[34] Die Thematik scheint auf den ersten Blick nicht sehr geeignet für die Wochenplanarbeit, da die Schüler die fachlichen Inhalte bereits zu genüge aus der vorherigen Schulzeit kennen sollten. Aber gerade durch den Einsatz der Wochenplanarbeit soll eine Über- aber vor allem Unterforderung einzelner Schüler vermieden werden. In der Einstiegsphase können leistungsstärkere und –schwächere Schüler gemeinsam an den Inhalten zum Thema Prozentrechnung arbeiten und sich die Theorie dahinter wieder in Erinnerung rufen. Der Wochenplan an sich ist so aufgebaut, dass er von grundlegenden Aufgaben, die über die Einstiegsphase zu lösen sind, hin zu komplexen Aufgaben reicht. Somit sind alle Niveaus der heterogenen Lerngruppe abgedeckt. Gleichzeitig werden Aufgaben gewählt, die aus dem alltäglichen Leben der Schüler stammen, aber auch solche, die in einem wirtschaftlichen Zusammenhang stehen. Damit steht eine, für die Schüler teilweise schwierige Transferleistung erst bei den komplexeren Aufgaben an. Das führt gleichzeitig wieder dazu, dass die Schüler sich untereinander unterstützen können.

---

[33] Bspw. offene Arbeitsflächen/Raumangebote mit direkten Zugängen zu PC-Arbeitsplätzen

[34] Vgl. Didaktische Jahresplanung im Bildungsgang „Zweijährige Berufsfachschule für Wirtschaft und Verwaltung (Handelsschule)“ des Berufskollegs Castrop-Rauxel

4.2 Einstieg in das Thema Prozentrechnung

Zu Beginn der Unterrichtsreihe sollte das Vorwissen der Schüler zum Thema Prozentrechnung überprüft und die für die anstehende Wochenplanarbeit benötigten Voraussetzungen dargelegt werden. Dies findet in einer arbeitsgleichen Gruppenarbeit mit Hilfe der Methode „Think-Pair-Share“[35] statt. Nach einem für die Schüler anschaulichen Einstieg mit der Problemstellung eines Autokaufs, liegt das Schwerpunktziel dieser Phase in der Erstellung von Lernplakaten zur Visualisierung der wichtigsten Inhalte der Prozentrechnung zur späteren Anwendung bei der Wochenplanarbeit. Die Wahl für die Lernplakate ergibt sich aus der Überlegung, dass während des Wochenplanunterrichts an allen Wänden im Klassenraum Plakate hängen, so dass jeder Schüler, egal wo er sitzt, die grundlegenden Inhalte vor Augen hat, um die Aufgaben lösen zu können. Darüber hinaus sollen die Schüler an Hand der einführenden Problemstellung die wichtigsten Regeln zur Prozentrechnung kennen und situationsbedingt anwenden, dabei nennen sie die relevanten Größen und beschreiben Lösungswege. Über die Think-Pair-Share-Methode lernen sie eine Methode zur Erarbeitung von komplexen Inhalten kennen, vertiefen Fähigkeiten bei der übersichtlichen und strukturierten Wiedergabe von Informationen. Im Bereich der Human- und Sozialkompetenz verbessern sie ihr schriftliches Ausdrucksvermögen, entwickeln Teamfähigkeit durch kooperative Erfahrungen sowie die Fähigkeit zur Selbstreflexion. Der Ablauf der entsprechenden Einstiegsphase ist folgender Tabelle zu entnehmen:

[35] Siehe dazu Blomert (2011), o.S.

Phase	Handlungsschritte	Sozialform	Material/Medien
Problemdarstellung/-wahrnehmung	Einstieg über eine Folie mit einer Karikatur und Werbeanzeigen. Die Werbeanzeige mit dem Auto wird konkret mit den SUS besprochen.	Unterrichtsgespräch	Folie
Problemformulierung	Die SUS formulieren die Leitfrage: Was kostet der Golf?	Unterrichtsgespräch	Tafel
Problemlösung	Die Aufgabe wird mit den SUS an der Tafel gerechnet und mit dem Ergebnis die Leitfrage beantwortet.	Unterrichtsgespräch	Tafel
Übung	Zur Übung bearbeiten die SUS eine weitere Aufgabe zur Berechnung des Prozentwertes. Die Aufgabe wird an der Tafel vorgerechnet.	Einzelarbeit/ Schülervortrag	Arbeitsblatt
Vertiefung/Transfer	Die SUS erstellen nach der Think-Pair-Share-Methode Plakate mit den wichtigsten Inhalten zur Prozentrechnung.	Einzelarbeit/ Partnerarbeit/ Gruppenarbeit	Plakat
Präsentation	Die Plakate werden aufgehängt und von allen kontrolliert.		Plakate

Tabelle 2 - Verlauf der Einführungsstunde

4.3 Praktische Umsetzung der Wochenplanarbeit

Obwohl die Schüler nach der Einführungsstunde wieder mit dem Basiswissen der Prozentrechnung vertraut sind und der eingesetzte Wochenplan von Grund auf einfach strukturiert und selbsterklärend erscheint, müssen zu Beginn organisatorische Aspekte und Regeln mit den Schülern gemeinsam besprochen bzw. festgelegt werden. Nur so kann ein reibungsloser und zielführender Ablauf des Wochenplanunterrichts sicher gestellt sein. Die nachfolgenden Regeln bzw. organisatorischen Hinweise habe ich mit den Schülern gemeinsam festgelegt und ebenfalls im Klassenraum ausgehängt:

Hinweise zur Bearbeitung:

- **Pflichtaufgaben** sind von allen Schülerinnen und Schülern zu lösen
- Von den **Wahlaufgaben** müssen Sie mindestens ☐ Aufgaben bearbeiten
- Bearbeiten Sie alle Aufgaben auf dem jeweiligen **Blatt** (**ggf. Rückseite**)
- Wenn Sie mit einer Aufgabe fertig sind, dann lassen Sie diese vom Lehrer **kontrollieren**
    - 1. Lösung richtig = volle Punktzahl
    - 2. Durchgang richtig = halbe Punktzahl
    - 2. Durchgang falsch = 0 Punkte
- Nutzen Sie für alle (entsprechenden) Aufgaben folgendes **Lösungsschema**:
    - **ges.**: (gesuchte Größe) **geg.**: (gegebene Größen)
    - **Formel**: (anzuwendende Formel)
    - **Rechnung/Lösung**: (Rechnungsweg und Lösung inkl. Antwortsatz)
- Sollten **Schwierigkeiten** auftreten gehen Sie wie folgt vor:
    1. Kann ich das Problem selbst lösen?
    2. Kann mir ein(e) Mitschüler(in) helfen?
    3. Kann mir der Lehrer helfen?

Und zu guter Letzt:

Seien Sie ehrlich zu sich selbst und schreiben Sie keine Aufgabe einfach nur ab, sondern erarbeiten sich die Lösung alleine, mit Partner/-in oder in der Gruppe – für die Klausur ist Ihnen sonst nicht geholfen!!!!!!!!

Abbildung 1 - Bearbeitungshinweise Wochenplan

Der Wochenplan an sich enthält auf der ersten Seite die sog. Arbeitsleiste (vgl. Abbildung 2) in einer Tabelle, in der die Schüler die komplette Übersicht über den Wochenplan und dessen Auswertung haben. Die Schüler bekommen in den Wochenplan integriert noch die entsprechenden Hinweise zur Bearbeitung:

- **Aufgaben:** Unter dem Feld „Pflicht?“ sehen Sie, welche Aufgaben von allen Schüler zwingend zu bearbeiten sind. Alle weiteren Aufgaben sind von Ihnen freiwillig zu lösen.
- **Punktesystem:** Die maximal zu erreichende Punktzahl (Max. Punkte) jeder Aufgabe ergibt sich aus dem Schwierigkeitsgrad und Aufwand der Bearbeitung. Lösen Sie die Aufgabe im ersten Durchgang richtig, bekommen Sie die volle Punktzahl. Schaffen Sie dies erst mit Verbesserungen im zweiten Durchgang, erhalten Sie noch die Hälfte der Punkte – andernfalls leider keine Punkte. Die Gesamtpunktzahl der bearbeiteten Aufgaben bestimmt am Ende Ihre Note – somit sind Sie für die Note auch selbst verantwortlich.
- **Arbeitsform:** Sie können die Aufgaben entweder in Einzel-, Partner- oder Gruppenarbeit lösen. Achten Sie bitte auf eine gleichmäßige Verteilung und kreisen Sie bei der jeweiligen Aufgabe dann an, wie Sie gearbeitet haben.
- **Kontrolle:** Sie kontrollieren die Lösung der Aufgabe selbst, indem Sie mit der ausgelegten Musterlösung vergleichen. Es ist wichtig, dass Sie ehrlich zu sich selbst sind und Fehler auch verbessern. Wenn Sie Hilfe brauchen, fragen Sie zunächst Ihre Mitschüler und dann den Lehrer. Am Ende lassen Sie die Aufgabe vom Lehrer kontrollieren, wenn Sie sie komplett bearbeitet und korrigiert haben.

Nr.	Max. Punkte	Pflicht?	Arbeitsform	Kontrolle durch den Lehrer		
				1. Durchgang	2. Durchgang	Nicht gelöst

Abbildung 2 - Arbeitsleiste Wochenplan Seite 1

Als mögliche Arbeitsformen stehen den Schülern die folgenden zur Verfügung – mit den jeweiligen Symbolen, die auf dem Wochenplan zu finden sind:

- Einzelarbeit 
- Partnerarbeit 
- Gruppenarbeit 

Das Punktesystem des Wochenplans orientiert sich am Schema der Industrie- und Handelskammer Nord Westfalen.[36] Da allen Prüfungen in diesem Bildungsgang das genannte Schema zu Grunde gelegt wird, scheint dies auch für die Wochenplanarbeit nur plausibel zu sein.

Note	Punktebereich [%]
Sehr gut	100 – 92
Gut	91 – 81
Befriedigend	80 – 67
Ausreichend	66 – 50
Mangelhaft	49 – 30
Ungenügend	29 - 0

Tabelle 3 - Notenschema der IHK Nord Westfalen

Für die Einführungsphase sollte viel Zeit eingeplant werden. Das Interesse und die Motivation der Schüler müssen geweckt aber genauso gut vorab mögliche Probleme ausgemerzt werden. Viel wichtiger erscheint es aber, den Schülern die veränderte Situation innerhalb der Lerngruppe zu verdeutlichen. Schüler sind anfangs unter Umständen dahingehend überfordert, dass der Lehrer jetzt nicht mehr seiner klassischen Rolle folgt, sondern die Schüler in den Mittelpunkt des Geschehens rücken. Beide Aspekte werden dahingehend berücksichtigt, dass den Schülern in Ruhe erläutert wird, welchen Sinn die Wochenplanarbeit an dieser Stelle bzw. in dieser Unterrichtsreihe hat und dass der Unterricht „einfach mal aufgebrochen werden soll". Gleichzeitig steht aber

[36] Vgl. § 24 Prüfungsordnung für die Durchführung von Abschluss- und Umschulungsprüfungen der IHK Nord Westfalen

auch immer das Ziel im Mittelpunkt, so dass die Wochenplanarbeit nicht als reine Beschäftigungsmethode verfällt.

Wenn die Schüler dann mit dem Wochenplan beginnen, sind sie anfänglich zunächst vom Umfang des Plans überfordert und „erschlagen“. Da viele Schüler sofort beginnen und „die Ersten sein“ wollen, ist diese Phase mit Startschwierigkeiten und Ungeduld verbunden. Viele Schüler vergessen auch einfach die vorherigen Erläuterungen zum Wochenplan, obwohl diese gerade wichtig sind, damit die Schüler die Arbeitsform erlernen. Insgesamt muss den Schülern auch immer wieder verdeutlicht werden, dass sie sich für die Aufgaben Zeit lassen sollen und somit ohne Druck an die Lösung gehen. Daher auch die Möglichkeit bei der Bewertung im ersten Versuch die volle, im zweiten Versuch die halbe ansonsten keine Punkte zu bekommen. Somit sollen die Schüler lernen, dass sie gute Chancen haben, mit Ruhe und Geduld, aber auch Hilfe, die volle Punktzahl zu erreichen. Die Schüler können die Lösungen selbst mit Hilfe der ausgelegten Musterlösung vergleichen und zeigen diese dann am Ende jedes Durchgangs nochmals dem Lehrer vor. So findet im ersten Schritt eine Selbstkontrolle statt, die durch die Kontrolle des Lehrers ergänzt wird. Dieser hat dann auch noch die Möglichkeit, eine Selbstreflexion des Schülers anzustoßen, indem nach individuellen Schwierigkeiten oder nach dem Niveau in der Aufgabe gefragt wird. Bevor die Schüler die Aufgaben kontrollieren, können sie natürlich auch von einer Reflexion innerhalb einer Gruppe oder mit einem Partner Gebrauch machen, um sich so ebenfalls selbst kontrollieren zu können. Während der Durchführung der Wochenplanarbeit muss den Schülern auch immer fortwährend geschildert werden, dass sie sich eigenständig Phasen der Arbeit und Entspannung einzuteilen haben. So kann einer mentalen Überforderung und einschleichender Monotonie entgegengewirkt werden. Sollten trotzdem Phasen der Unruhe eintreten, müssen für diese im Sinne des Wochenplanunterrichts sofort Maßnahmen zur Lösung getroffen werden. Andernfalls würde die aufkommende Unruhe weitere Schüler motivieren, auch unruhig zu sein, und stören gleichzeitig die arbeitenden Schüler in ihrer Aufmerksamkeit und Konzentration.

4.4 Reflexion und Bewertung des Einsatzes der Wochenplanarbeit

Die Evaluation der Wochenplanarbeit findet an Hand einer anonymen Befragung im Rahmen der Klasse mit Hilfe eines kleinen Fragebogens (siehe Anhang A-3) statt. Somit kann eine Analyse folgen, wie die Schüler mit der neuen Unterrichtsmethode zurechtkommen. Die Ergebnisse der Evaluation sollen Aufschluss darüber geben, welche Probleme die Schüler mit der Wochenplanarbeit hatten und inwiefern diese Methode von ihnen angenommen wird. Auf Grund der relativ hohen Fluktuation in diesem Bildungsgang, haben nur 32 Schüler an der Befragung teilnehmen können. Um eine möglichst genaue und zeitnahe Einschätzung der Schüler erhalten zu können, wird die Befragung am Ende der letzten Stunde der Wochenplanarbeit durchgeführt. Dafür wird ein kleiner Fragebogen für die Schüler erstellt, welcher nach den Erfahrungen und dem „Gefallen" mit der Wochenplanarbeit fragt und ein offenes Feedbackfeld den Schülern die Möglichkeit eröffnet, Anregungen bzw. Probleme zu schildern. Der Fragebogen ist dabei so aufgebaut, dass er für die Schüler zum einen relativ einfach zu verstehen ist und zum anderen gezielt einzelne Bereich durch unterschiedliche Fragen abgedeckt werden. Der Schwerpunkt bei der Befragung liegt vor allem in den Bereichen Selbstständigkeit, Interaktion/Kommunikation sowie Zeit/Organisation. Um dem Effekt der „Tendenz zur Mitte" entgegen zu wirken, werden den Schülern nur vier Antwortmöglichkeiten vorgegeben, so dass sie sich definitiv eher für eine positive oder negative Antwortmöglichkeit entscheiden müssen.

Der Großteil der Schüler[37] empfand die Wochenplanarbeit als eine gute Abwechslung weg von den sonstigen Unterrichtsformen bzw. -methoden und sah es als positiv an, dass endlich auch mal ohne (offensichtlichen) Zeitdruck und nach eigenem Tempo gearbeitet respektive gelernt werden konnte. Sieben Schüler schilderten allerdings, dass sie gerade diesen Zeitdruck als negativ gesehen hätten. An dieser Stelle sei aber darauf hingewiesen, dass es sich dabei durchaus um Schüler handeln könnte, die generell im Unterricht eher durch Fehlverhalten auffallen, so dass sie wohl eher die Zeit abgesessen haben und erst am Ende merkten oder sich erinnerten, dass die Wochenplanarbeit in ihrer Gänze doch mit einer Note verbunden ist. Weiterhin negativ empfanden die meisten Schüler (17) die zur Verfügung stehende Zeit bei der Kontrolle. Dies bestätigt die Erfahrungen des

[37] Auf Grund der abgefragten Bereiche wurden diese teilweise für die Reflexion zusammengefasst und enthalten deshalb entsprechend keine genaue Angabe der Nennungen durch die Schüler.

Lehrers, denn häufig wurde sich um die ausgelegten Musterlösungen gestritten, so dass in Zukunft einfach mehr Musterlösungen ausgeteilt werden müssen oder die Anzahl der Schüler, die gerade zur Korrektur sind, begrenzt werden muss. Dabei nutzten aber auch viele Schüler vorher die Möglichkeit, ihre Ergebnisse mit dem Partner bzw. anderen Schülern zu vergleichen. Und genau das unterstreicht den positiven Eindruck in der Wochenplanarbeit und durch den Fragebogen, dass der Großteil der Schüler die Interaktion und Kommunikation als positiv ansahen und eigentlich auch überwiegend fachlich nutzten – sofern dies durch den Lehrer zu beurteilen war. Das offene Textfeld am Ende des Fragebogens wurde nur von fünf Schülern ausgefüllt. Hier gab es Kommentare wie „war gut", „nochmal" oder „mehr Zeit wäre schön".

Aus Sicht des Lehrers sei, bezogen auf die Förderung der Selbstständigkeit bzw. Eigenverantwortlichkeit, festzuhalten, dass diese bei der Großzahl der Schüler durchaus gefördert wurde. Die meisten Schüler arbeiteten zielstrebig und konzentriert am Wochenplan und hielten sich an die vereinbarten Regeln. Zu Beginn versuchten viele (leistungsschwächere) Schüler von anderen (leistungsstärkeren) Schülern abzuschreiben. Der fortwährende Hinweis, dass den Schülern damit nicht in Richtung anstehende Klassenarbeit geholfen sei, führte bei den meisten zu Einsicht und Umdenken.

Das Punktesystem dagegen entfachte ungeahnte Motivation bei den Schülern – manche von ihnen waren sogar etwas übermotiviert. Einige Schüler setzten sich als Ziel, alle möglichen Punkte zu erreichen, wobei der vorhandene Zeitdruck überwiegend einen Strich durch die Rechnung gemacht hat. Der Lehrer hat den Eindruck, dass sich dadurch aber auch viele Schüler unnötigen Druck ausgesetzt und die Aufgaben nur rudimentär bearbeitet haben, um rein durch das Ergebnis die volle Punktzahl bekommen zu können. Somit würde der Fokus auf die reine und strukturelle Bearbeitung der Aufgabe weit in den Hintergrund rücken, was nicht im Sinne der fachlichen Vermittlung von mathematischen Inhalten sein kann. Was sich als äußerst vorteilhaft erwies, war die Transparenz der Notengebung. Die Schüler wissen bei der Wochenplanarbeit von Beginn an, was zu leisten ist, um eine bestimmte Note zu erreichen. Die Schüler haben zu jeder Zeit Gewissheit über die Notengebung und können ihre Note aktiv mitbestimmen, was sich besonders auf im Unterrichtsgespräch eher zurückhaltende Schüler sehr positiv auswirkt. Das Punktesystem an sich wird als eigentlich praktikabel erachtet, wohingegen die Kontrollmöglichkeit Verbesserungen auf den Plan ruft. Dass die Schüler die

Kontrolle in erster Linie eigenverantwortlich machen, fördert natürlich die Selbstständigkeit, aber in Anbetracht der nachfolgenden Klassenarbeit(en) und der fachlichen Vermittlung scheint es unverzichtbar, dass der Lehrer ebenfalls nochmal eine genauere Kontrolle vornimmt. Diese Kontrolle wird aber in der Hektik der Wochenplanarbeit ein „Ding" der Unmöglichkeit sein, da immer wieder Schüler zum Lehrer kommen, um eine Abzeichnung der Punkte zu bekommen. Hier sei vielleicht zu überlegen, ob die Lösungen des Wochenplans nicht in einer folgenden Stunde gemeinsam besprochen werden sollten oder zumindest die Aufgaben, bei denen nach Rücksprache mit den Schülern die Meisten von ihnen Probleme hatten.

Somit war die Rolle des Lehrers auch nicht dahingehend geprägt, dass er sich zurückziehen und auf einige Schüler gezielt konzentrieren konnte. Immer wieder kam es bei der selbstständigen Kontrolle der Aufgaben zu Unruhen, weil einige Schüler warten mussten. Gleiches spiegelte sich bei der Abnahme der einzelnen Aufgaben durch den Lehrer wieder. Dieser Aspekt wurde vorab als nicht so zeitintensiv aufgefasst, wohingegen die Praxis gänzlich anders aussah. Zu Beginn der Wochenplanarbeit, als ein Großteil der Schüler direkt mit den leichteren Aufgaben begann, liefen viele Schüler bei den Musterlösungen und damit auch beim Lehrer auf, so dass diese Phase äußerst stressig für den Lehrer war. Das Ganze legte sich dann aber immer mehr, je weiter die Schüler in der Bearbeitung der Aufgaben kamen. In dieser Phase hatte der Lehrer dann endlich auch genügend Zeit, sich gezielt mit Schülern auseinanderzusetzen und ihnen beratend zur Seite zu stehen, sofern Mitschüler nicht helfen konnten.

5. Fazit und Ausblick

Die Einführung der Wochenplanarbeit im Bildungsgang kann grundlegend als erfolgreich bezeichnet werden. Trotz der oben bereits aufgeführten und umzusetzenden Verbesserungen können die Vorteile des Wochenplanunterrichts einen Gewinn für den Unterricht und damit auch für die daran Beteiligten darstellen. Die Schüler gewöhnen sich in relativ kurzer Zeit an das selbstorganisierte Lernen und die „erlangte“ Eigenverantwortlichkeit bezogen auf ihren Lernprozess. Sie arbeiten sehr aktiv im Unterricht mit, was wiederrum ihre Sozial- und Humankompetenz stärkt. Die Erfahrung zeigt aber, dass trotz aller Vorteile der Wochenplanarbeit diese Methode im Rahmen dieses Bildungsganges nur als eine Möglichkeit der Öffnung des Unterrichts gelten kann. Es würde sich aus Sicht des Autors als äußerst kritisch darstellen, die Methode kontinuierlich zumindest im Mathematikunterricht einzusetzen. Die vorherrschende Demotivation und das Desinteresse würden bei wiederholten Einsätzen von Wochenplänen nur wieder hervorgeholt bzw. weiter verstärkt werden. Vorstellbar wäre die Wiederholung der Wochenplanarbeit in einem Fach, wenn die Schüler eine Routine bei dieser Methode durch die Anwendung in anderen Fächern entwickelt haben, die es erlaubt, dass dann in einem nächsten Schritt der Wochenplan dahingehend geöffnet wird, dass die Schüler eigenständig Aufgaben entwickeln. Aus Sicht des Autors wird dies aber nicht mit der zweiten Durchführung der Wochenplanarbeit im Fach Mathematik möglich sein, wenn diese Methode nicht auch in anderen Fächern im Bildungsgang eingesetzt wird.

Wünschenswert wäre an dieser Stelle selbstverständlich auch eine Wochenplanarbeit, die fächerübergreifend im Bildungsgang im Lehrplan fixiert wird. So wäre vorstellbar, dass in den Fächern Mathematik und Datenverarbeitung gemeinsam an einem Wochenplan gearbeitet wird. Auf der einen Seite gibt es sowieso thematische Überschneidungen (bspw. das Thema Handelskalkulation) und auf der anderen Seite bestände die Möglichkeit, dass je nach Thema manche mathematische Inhalte (bspw. Aufgabe 9 des vorliegenden Wochenplans) informationstechnologisch aufbereitet werden könnten. Dies alleine scheint die Wochenplanarbeit im Stundenumfang eines Faches nicht stemmen zu können, so dass eine gemeinsame Zusammenarbeit der Kollegen im Bildungsgang dafür zwingend notwendig wäre.

Verzeichnis der zitierten Literatur

Blomert, P. (2011), Grundlegende Methoden – Think-Pair-(Square)-Share, in: http://www.kooperatives-lernen.de/dc/netautor/napro4/appl/na_professional/parse.php?mlay_id=2500&mdoc_id=1000423, Zugriff am 19.12.2011.

Claussen, C. (1997), Unterrichten mit Wochenplänen - Kinder zur Selbständigkeit begleiten, Weinheim und Basel.

Herold, M./Landherr, B. (2003), Selbstorganisiertes Lernen, 2. Aufl., Hohengehren.

Hilbert, M. (2004), Was ist guter Unterricht?, 2. Aufl., Berlin.

Huschke, P. (1982), Wochenplan-Unterricht - Entwicklung, Adaption, Evaluation - Kritik eines Unterrichtskonzepts und Perspektiven für seine Weiterentwicklung, in: Klafki W. et al., Schulnahe Curriculumentwicklung und Handlungsforschung – Forschungsbericht des Marburger Grundschulprojektes. Weinheim/Basel.

Huschke, P./Mangelsdorf M. (1994), Wochenplanunterricht. Weinheim, Basel.

Industrie- und Handelskammer Nord Westfalen (2008), Prüfungsordnung für die Durchführung von Abschluss- und Umschulungsprüfungen der IHK Nord Westfalen vom 3. Juli 2008.

Klafki W. et al. (1982), Schulnahe Curriculumentwicklung und Handlungsforschung – Forschungsbericht des Marburger Grundschulprojektes. Weinheim/Basel.

Klein, M. (2004), Unterstützung selbstständigen Lernens durch (neue) Medien, in: Abitur-online.nrw, Selbstständiges Lernen mit digitalen Medien in der gymnasialen Oberstufe.

o.A. (o.J.), Darstellung der Schule, in: http://www.bkcr.info/intern/pages/downloads.php, Zugriff am 19.12.2011.

Peschel, F. (2011), Stufenmodell des Offenen Unterrichts, in: http://offener-unterricht.net/ou/start-offu.php?action=rast2, Zugriff am 19.12.2011.

Peschel, F. (2011b), Bestimmungsraster des offenen Unterrichts, in: http://offener-unterricht.net/ou/start-offu.php?action=rast1, Zugriff am 19.12.2011.

Peschel, F. (2011c), Wochenplanunterricht – Stufen der Öffnung, in: http://offener-unterricht.net/ou/start-offu.php?action=wopla, Zugriff am 19.12.2011.

Reich, K. (2008), Wochenplan, in: http://methodenpool.uni-koeln.de/download/wochenplan.pdf, Zugriff am 19.12.2011.

Schaub, H./Zenke, K. G. (2000): Wörterbuch Pädagogik, 4. Aufl., München.

Schulgesetz für das Land Nordrhein-Westfalen vom 15. Februar 2005, zuletzt geändert durch Gesetz vom 5. April 2011, BASS Auszug 1-1, Frechen.

Lennartz, W./Minding-Geiger, M./te Wilde, H. (2011), Individuelle Förderung in heterogenen Lerngruppen – Handreichung zu Grundlagen und Möglichkeiten der Umsetzung am Berufskolleg, Münster.

Ministerium für Schule und Weiterbildung des Landes NRW (2011), NRW Portal zur individuellen Förderung, in: http://www.chancen-nrw.de/cms/front_content.php?idcat=209, Zugriff am 19.12.2011.

Reich, K. (2008), Wochenplan, in: http://methodenpool.uni-koeln.de/download/wochenplan.pdf, Zugriff am 19.12.2011.

Siebert, H. (2001), Selbstgesteuertes Lernen und Lernberatung, Neuwied.

Weinert, F.E. (1982), Selbstgesteuertes Lernen als Voraussetzung, Methode und Ziel des Unterrichts, in : Unterrichtswissenschaft , 10. Jg., Heft 2, S. 99 – 110.

Zahn, W. (2011), Schulinfos – Lernen im Leben, in: www.schulinfos.de/Auszug_Rahmenkonzept_Individuelle_Foerderung.pdf, Zugriff am 19.12.2011.

Anhang

A-1 Wochenplan zum Thema Prozentrechnung

Name: ____

Nr.	Max. Punkte	Pflicht?	Arbeitsform			Kontrolle durch den Lehrer		
						1. Durchgang	2. Durchgang	Nicht gelöst
1	20					**20**	**10**	**0**
2	16					**16**	**8**	**0**
3	12					**12**	**6**	**0**
4	24					**24**	**12**	**0**
5	24					**24**	**12**	**0**
6	24					**24**	**12**	**0**
7	20					**20**	**10**	**0**
8	30					**30**	**15**	**0**
9	20					**20**	**10**	**0**
Σ:	**190**	**Erreichte Punkte:**					**Note:**	

Bewertung:

100 – 92 % (≥ 174 P.)	91 – 81 % (≥ 153 P.)	80 – 67 % (≥ 127 P.)	66 – 50 % (≥ 95 P.)	49 – 30 % (≥ 57 P.)	29 – 0 % (≥ 0 P.)
Sehr gut	**Gut**	**Befriedigend**	**Ausreichend**	**Mangelhaft**	**Ungenügend**

Hinweise zur Bearbeitung:

- **Pflichtaufgaben** sind von allen Schülerinnen und Schülern zu lösen
- Von den **Wahlaufgaben** müssen Sie mindestens ☐ Aufgaben bearbeiten
- Bearbeiten Sie alle Aufgaben auf dem jeweiligen **Blatt (ggf. Rückseite)**
- Wenn Sie mit einer Aufgabe fertig sind, dann lassen Sie diese vom Lehrer **kontrollieren**
    - 1. Lösung richtig = volle Punktzahl
    - 2. Durchgang richtig = halbe Punktzahl
    - 2. Durchgang falsch = 0 Punkte
- Nutzen Sie für alle (entsprechenden) Aufgaben folgendes **Lösungsschema**:
    - **ges.:** (gesuchte Größe) **geg.:** (gegebene Größen)
    - **Formel:** (anzuwendende Formel)
    - **Rechnung/Lösung:** (Rechnungsweg und Lösung inkl. Antwortsatz)
- Sollten **Schwierigkeiten** auftreten gehen Sie wie folgt vor:
    1. Kann ich das Problem selbst lösen?
    2. Kann mir ein(e) Mitschüler(in) helfen?
    3. Kann mir der Lehrer helfen?

Und zu guter Letzt:

Seien Sie ehrlich zu sich selbst und schreiben Sie keine Aufgabe einfach nur ab, sondern erarbeiten sich die Lösung alleine, mit Partner/-in oder in der Gruppe – für die Klausur ist Ihnen sonst nicht geholfen!!!!!!!!

Aufgabe1

Eine Tafel Schokolade (100 g) enthält ca. 9 g Eiweiß, 33 g Fett und 55 g Kohlenhydrate.

Die Anteile der Nährstoffe können in einem Hunderterfeld dargestellt werden.

dunkelgrau: Eiweiß
mittelgrau: Fett
hellgrau: Kohlenhydrate
weiß: ?

a) **Geben Sie die Anteile als Bruch an:**

Eiweiß:

Fett:

Kohlenhydrat

b) **Stelle die Nährstoffanteile von Kartoffelchips, gerösteten Erdnüssen, Pista zienkernen und geschälten Sonnenblumenkernen ebenfalls in einem Hunderterfeld und als Bruch dar.**

Lebensmittel (je 100 g)	Eiweiß (g)	Fett (g)	Kohlenhydrate (g)
Kartoffelchips	5 (gerundet)	35	43
geröstete Erdnüsse	26	49	15
Pistazienkerne	19	54	10
geschälte Sonnenblumenkerne	27	36	23

	Kartoffelchips geröstete Erdnüsse Pistazienkerne geschälte Sonnenblumenkerne
Eiweiß:	
Fett:	
Kohlenhydrate:	

Aufgabe 2

a) Finden Sie heraus, bei welcher Figur der gefärbte Anteil am größten ist!

A	B	C	D	E
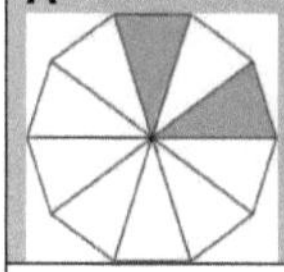	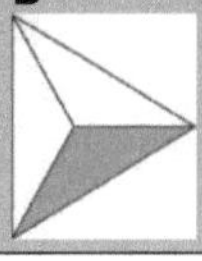		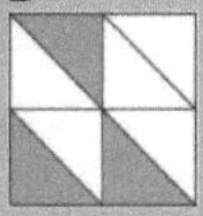	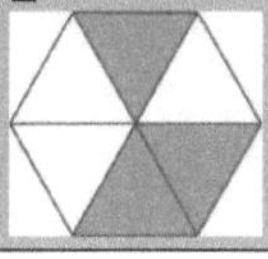

Die Figur _______ hat den größten gefärbten Anteil.

b) Finden Sie heraus, welcher Anteil jeweils der größere ist und unterstreichen Sie diesen!

I. 2 von 5 ***oder*** 9 von 20

II. 3 von 4 ***oder*** 37 von 50

III. 7 von 25 ***oder*** 3 von 10

c) Setzen Sie <, > oder = ein!

a) $\frac{2}{5}$		40 %
b) $\frac{3}{25}$		15 %
c) 35 %		0,35
d) 0,5		5 %
e) 99 %		$\frac{1}{9}$
f) 3,3 %		0,33

d) Erläutern Sie, wie Sie Prozente/Brüche in der Größe vergleichen können!

Aufgabe 3

a) **Finden Sie die entsprechende Lösung und geben auch die jeweilige Rechnung an:**

Der Prozentwert P ist gesucht:

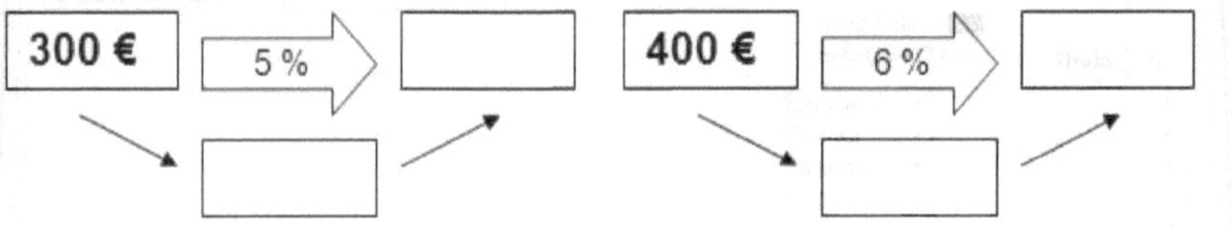

Der Grundwert G ist gesucht:

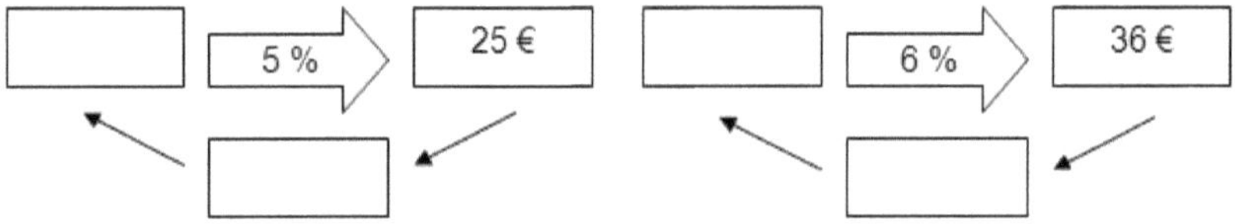

Der Prozentsatz p ist gesucht:

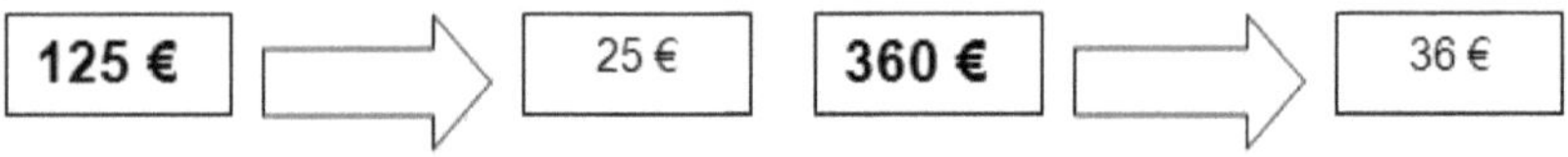

b) **Vervollständigen Sie die Tabelle mit Hilfe der entsprechenden Formel und ggf. mit Taschenrechner:**

Grundwert G	205	375			586	1588
Prozentsatz p	4,00%	3,50%	12,50%	15,25%		
Prozentwert P			60	39,04	136,245	1270,

Aufgabe 4:

a) Dem Personalleiter einer Unternehmung liegt eine Statistik für letztes Jahr über den Arbeitsplatzwechsel von Arbeitnehmern (= Fluktuation) in den Filialen Dortmund und Gelsenkirchen vor:

➔ Dortmund: 3.150 Arbeitnehmer, 126 Kündigungen

➔ Gelsenkirchen: 1.400 Arbeitnehmer, 112 Kündigungen

Die Fluktuation sollte in jeder Unternehmung so gering wie möglich gehalten werden. Schneidet also Gelsenkirchen lediglich 112 Kündigungen besser ab?

Lösung:

b) Sie haben mit einem Lieferanten 12 % Rabatt aus einem Rechnungsbetrag von 12.300 €. Wie viel Euro beträgt der Rabatt?

Lösung:

c) Herr Pechl verdient bisher 2.500 € monatlich. Wie viel Prozent ergibt eine monatliche Gehaltserhöhung von 300 €?

Lösung:

d) Ein kaufmännischer Angestellter erhält eine Gehaltserhöhung von 4 % = 88 €. Wie viel Euro beträgt sein altes Gehalt?

Lösung:

Aufgabe 5:

a)

Der Listenpreis eines Autos beträgt 23925 €. Der Kunde bekommt den Wagen für 2105
Um wie viel Prozent liegt dieser Preis unter dem Listenpreis?

Lösung:

b)

Der Kauf eines Autos verteuert sich um 1920,45 €, da die Bezahlung in Raten erfolgt.
Wie hoch war der ursprüngliche Preis des Autos, wenn die Verteuerung 10,5% beträgt?

Lösung:

c) **Der Preis eines Autos erhöht sich durch Teilzahlung von 38950 € auf 42650 €.** **Wie viel Prozent beträgt der Aufschlag?**
Lösung:
d) **Ein Maurer bekommt einen Stundenlohn von 11,76 €, da er im Akkord arbeitet.** **Um wie viel Prozent liegt er damit über dem Normallohn von 11,20 €?**
Lösung:

Aufgabe 6:

a) Der Grundpreis eines Wagens beträgt 27500 €. Die Sonderausstattung erhöht den Preis um 1000 €. Wegen Barzahlung erhält der Käufer 12% Rabatt. Wie viel Prozent vom Grundpreis sind tatsächlich gezahlt worden?

Lösung:

b) Eine Baugrube mit einem festen Bodenvolumen von 400 m^3 soll ausgehoben werden. Wie viele LKWs mit 12 m^3 Ladung sind bei einer Auflockerung des Bodens von 14% zum Abtransport erforderlich?

Lösung:

c) **In einer Grund- und Hauptschule sind 840 Schülerinnen und Schüler. Davon sind 65 % Grundschüler und 55 % Schülerinnen.**

I) Wie viele Grundschüler gibt es an dieser Schule?
II) Wie viele Hauptschüler gibt es an dieser Schule?
III) Wie viele Schülerinnen gibt es an dieser Schule?
IV) Wie viele Schüler gibt es an dieser Schule?

Lösung:

d) **In einem Großbetrieb sind 1800 Personen beschäftigt.**

I) Wie viele Beschäftigte wohnen am Arbeitsort, wenn 27,5 % aller Beschäftigten Pendler sind?

II) Wie viele Beschäftigte arbeiten in der Produktion, wenn 32,5 % aller Beschäftigten der Verwaltung angehören?

Lösung:

Aufgabe 7:

a) Ein Angestellter erhielt 5 %, ein Jahr später 6 % Gehaltsaufbesserung. Er verdient danach 2.281,65 € monatlich. Wie viel Euro betrugen sein altes Gehalt und seine Gehaltsaufbesserungen?

Rechnung:

b) **Der Umsatz eines Unternehmens stieg im Vorjahr um 6%, nachdem vor zwei Jahren ein Rückgang von 2,5 % zu verzeichnen war. Wie viel Euro betrugen der ursprüngliche Umsatz und die einzelnen Umsatzänderungen, wenn in diesem Jahr 358.306,50 € Umsatz erzielt wurden?**

Rechnung:

Aufgabe 8:

Die Tabelle zeigt die Anteile der Schülerinnen und Schüler einer Schule hinsichtlich ihrer Herkunftsländer. Zeichnen Sie das dazugehörige Kreisdiagramm.

Herkunftsland	Anzahl	Prozentsatz	Winkel
Deutschland	480		
Türkei	80		
Ehem. Jugoslawien	64		
Italien	40		
Sonstige	136		

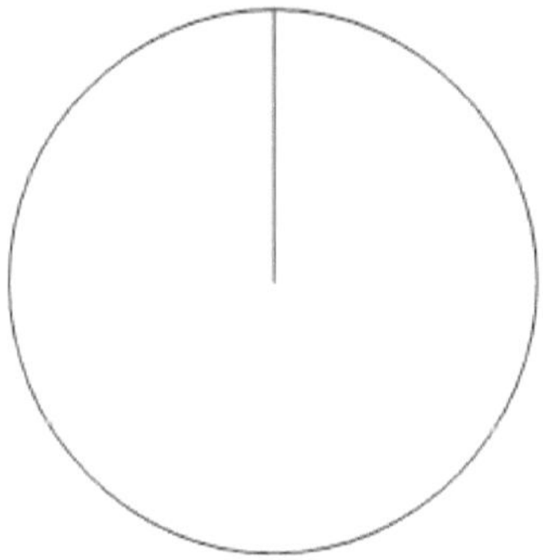

c) **Erläutern Sie, wie man Prozentsätze als Winkel in einem Kreisdiagramm darstellen kann!**

Aufgabe 9:

Lesen Sie den folgenden Text und erstellen Sie dazu geeignete Tabellen und Kreisdiagramme.

Auf einem Quadratkilometer, in Baden-Württemberg, leben - statistisch gesehen - 298 Einwohner (Bundesgebiet: 231). Den 5,2 Millionen männlichen Einwohnern stehen 5,4 Millionen Frauen gegenüber. Knapp 1,3 Millionen Einwohner (Stand: 31.03.2004) sind Ausländer.
Dabei stellen die Türken mit ca. 323.000 das größte Kontingent, gefolgt von Personen aus dem ehemaligen Jugoslawien (248.000) und Italienern (188.000).

Rechnung:

A-2 Lösungen zum Wochenplan

Nr.	Max. Punkte	Lösungen
1	20	a) Eiweiß: $\frac{9}{100}$, Fett: $\frac{33}{100}$, Kohlenhydrate: $\frac{55}{100}$ b) $\frac{5}{83}\frac{35}{83}\frac{43}{83}$; $\frac{26}{90}\frac{40}{90}\frac{15}{90}$; $\frac{19}{83}\frac{54}{83}\frac{10}{83}$; $\frac{27}{86}\frac{36}{86}\frac{23}{86}$
2	16	a) E b) 9 von 20; 3 von 4; 3 von 10 c) =, <, =, >, < d) Gleichnamig machen, umwandeln
3	12	a) 15 und 24; 500 und 600; 20 % und 10 % b) 8,2; 13,125; 480; 256; 23,25 %; 80 %
4	24	a) 4 % versus 8 % b) PW = 1.476 € c) p = 12 % d) GW = 2.200 €
5	24	a) PW = 2.871 € → p = 12 % b) GW = 18.290 € c) PW = 3.700 € → p = 9,5 % d) PW = 0,56 € → p = 5 %

6 — 24

a) 91,2 %

b) 38

c) PW = 546; PW = 294; PW = 462; 378

d) 1305; 1215

7 — 20

a)

Altes Gehalt	100%			2.050,00 €
+ Erhöhung	5%			102,50 €
= Neues Gehalt	105%	100%		2.152,50 €
+ Erhöhung		6%		129,15 €
= aktuelles Gehalt		106%		2.281,65 €

b)

Umsatz	100%			346.692,31 €
- Erhöhung	2,50%			8.667,31 €
	97,50%	100%		338.025,00 €
+ Erhöhung		6%		20.281,50 €
= aktueller Umsatz		106%		358.306,50 €

8 — 30

a)

Herkunftsland	Anzahl	Prozentsatz	Winkel
Deutschland	480	60,00%	216°
Türkei	80	10,00%	36°
Ehem. Jugoslawien	64	8,00%	28,8°
Italien	40	5,00%	18°
Sonstige	136	17,00%	61,2°

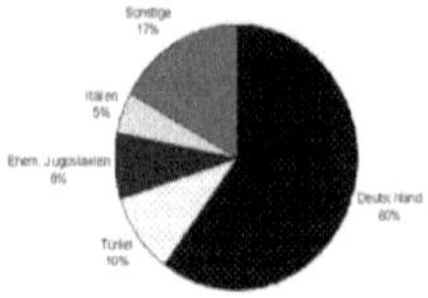

b) $\frac{360}{100} = 3{,}6 = 1\ \% \rightarrow 3{,}6 * p = x$ (mit x = Winkel)

9 — 20

1. Mitte senkrecht nach oben
2. 360 – 316 = 44 % abtragen
3. Winkel nacheinander von senkrechter Linie (siehe 1.) abtragen

Σ: — **190**

A-3 Fragebogen zur Wochenplanarbeit

Fragebogen zur Wochenplanarbeit

Dieser Fragebogen gibt Ihnen die Möglichkeit, Ihrem Lehrer Rückmeldung (Feedback) über Ihre Zufriedenheit oder Unzufriedenheit mit der Methode des Wochenplans zu geben. Für den Lehrer bietet sich so eine wichtige Chance, die Meinungen aller Schülerinnen und Schüler zu erfahren. Ihre Antworten sind anonym, das heißt, der Lehrer weiß nicht, von welchem Schüler/welcher Schülerin ein Fragebogen stammt.
Herzlichen Dank für Ihre Teilnahme!

Ich habe in der zur Verfügung stehenden Zeit alle Aufgaben, die ich mir vorgenommen habe, geschafft!

Ja	*Eher ja*	*Eher nein*	*Nein*
☐	☐	☐	☐

Den Schwierigkeitsgrad über alle Aufgaben hinweg fand ich als akzeptabel!

Ja	*Eher ja*	*Eher nein*	*Nein*
☐	☐	☐	☐

Wenn ich eine Aufgabe nicht richtig gelöst habe, konnte mir (durch Mitschüler oder den Lehrer) geholfen werden!

Ja	*Eher ja*	*Eher nein*	*Nein*
☐	☐	☐	☐

Ich finde es gut, dass der Unterricht offener gestaltet wurde und mich selbst um meinen Lernfortschritt zu kümmern konnte!

Ja	*Eher ja*	*Eher nein*	*Nein*
☐	☐	☐	☐

Für die Kontrolle der Aufgaben stand genügend Zeit zur Verfügung!

Ja	*Eher ja*	*Eher nein*	*Nein*
☐	☐	☐	☐

Mit hat gefallen, dass ich mich selbstständig über einen längeren Zeitraum mit einem Thema beschäftigen konnte!

Ja	*Eher ja*	*Eher nein*	*Nein*
☐	☐	☐	☐

Ich habe mich in der Wochenplanarbeit gut organisiert und mir dabei die Zeit gut eingeteilt!			
Ja	*Eher ja*	*Eher nein*	*Nein*
☐	☐	☐	☐

In der Wochenplanarbeit kann ich entsprechend meinem eigenen Lerntempo arbeiten!			
Ja	*Eher ja*	*Eher nein*	*Nein*
☐	☐	☐	☐

Ich habe die Möglichkeit, in der Wochenplanarbeit mit anderen Schülern zusammen zu arbeiten, mit denen ich sonst nicht so viel zu tun habe.			
Ja	*Eher ja*	*Eher nein*	*Nein*
☐	☐	☐	☐

Hier haben Sie zusätzlichen Platz für Anregungen und Bemerkungen:

Vielen Dank, dass Sie sich die Zeit zum Ausfüllen genommen haben!